软装风格设计资料集

轻奢风格

李江军 编

内容提要

本系列书分为三册，内容包括当前非常热门的三种家居装饰风格，即北欧风格、轻奢风格、新中式风格，深受业主们的喜爱。本系列以图文结合的形式，每册书精选600余个设计案例并加以分析，以实战案例深入讲解装饰手法，更便于读者参考。

图书在版编目（CIP）数据

软装风格设计资料集．轻奢风格／李江军编．—北京：中国电力出版社，2020.1
ISBN 978-7-5198-3924-6

Ⅰ．①软… Ⅱ．①李… Ⅲ．①住宅－室内装饰设计－图集 Ⅳ．①TU241-64

中国版本图书馆CIP数据核字（2019）第240345号

出版发行：中国电力出版社
地　　址：北京市东城区北京站西街19号（邮政编码100005）
网　　址：http://www.cepp.sgcc.com.cn
责任编辑：曹　巍　（010-63412605）
责任校对：黄　蓓　郝军燕
版式设计：锋尚设计
责任印制：杨晓东

印　　刷：北京瑞禾彩色印刷有限公司
版　　次：2020年1月第一版
印　　次：2020年1月北京第一次印刷
开　　本：889毫米×1194毫米　16开本
印　　张：11
字　　数：303千字
定　　价：68.00元

前言

在室内设计中，所有的装饰风格均由一系列特定的硬装特征和软装要素组成。任何室内装饰风格都不是死板僵硬的模板和公式，而是在设计思路上提供一个方向性的指南。因此，在设计时还应结合空间特点以及居住者的喜好及习惯，为室内装饰提供更多的灵感来源。本书对广泛流行于国内的新中式风格、北欧风格及轻奢风格三个软装风格，进行了广泛而深入地剖析，帮助设计师及业主了解并区分每个风格的设计特点以及文化内涵。

新中式风格是在传统中式风格基础上演变而来的，空间装饰多采用简洁、硬朗的直线条。例如在直线条的家具上，局部点缀富有传统意蕴的装饰，如铜片、铆钉、木雕饰片等。材料上在使用木材、石材、丝纱织物的同时，还会选择玻璃、金属、墙纸等工业化材料。

北欧风格的主要特征是极简主义及对功能性的强调。在北欧风格的空间里，不会有过多的修饰，有的只是干净的墙面及简单的家具，再结合粗犷线条的木地板，以最为简单纯粹的元素营造出干净且充满个性的家居空间。在空间格局方面，强调室内空间宽敞、内外通透，以及自然光引入，并且在空间设计中追求流畅感。顶面、墙面、地面均以简洁的造型、纯洁的质地、细致的工艺为主要特征。

轻奢风格的硬装设计简约、线条流畅，不会采用过于浮夸复杂的造型设计，而是通过后期的软装设计来体现其风格设计的特征。由于轻奢风格在硬装造型上，讲究线条感和立体感，因此在背景墙及吊顶的设计上，通常会选择简约的线条作为装饰。在设计墙面时，常搭配金属、硬包、大理石、镜面及护墙板等材料，使整体空间显得更加精致。

本套书共分为《新中式风格》《北欧风格》《轻奢风格》三册。书中引入了大量国内外精品案例，并以图文并茂的形式，对三种风格的装饰特征、设计元素、材料应用、配色设计、软装陈设进行了深度地剖析。本书内容通俗易懂，摒弃了传统风格类图书诸多枯燥的理论，以图文结合的形式，将软装风格的特点和细节展现得淋漓尽致。因此，即使对没有设计基础的业主或刚入门的室内设计爱好者来说，阅读完本套丛书以后，也可以对这三类软装风格的基础知识有较为全面地了解。

目录

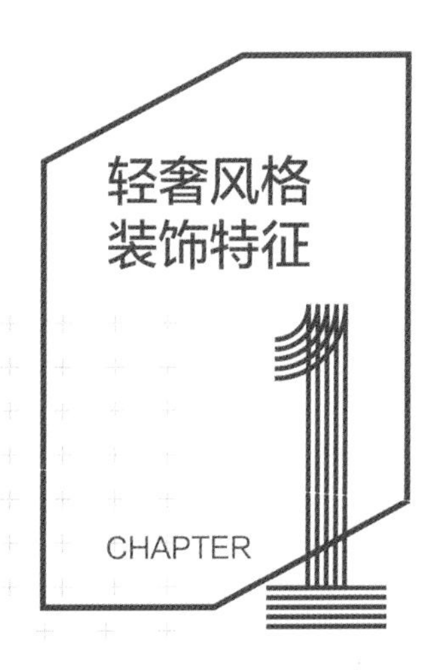

轻奢风格
设计元素

CHAPTER

轻奢风格
配色设计
CHAPTER

轻奢风格
软装陈设
CHAPTER

CHAPTER 1

轻奢风格
装饰特征

轻奢风格的诞生主要来自奢侈品发展的延伸，但重点仍然在于“奢”。现代社会的快速发展，使人们在有了一定的物质条件后，开始追求更高的生活品质。这也促使了现代家居装饰中品位和高贵并存设计理念的产生。轻奢顾名思义即轻度的奢华，但又不是浮夸，而是一种精致的生活态度，将这份精致融入生活正是对于轻奢风格最好的表达。此外，轻奢风格以简约风格为基础，摒弃一些如欧式、美式等风格的复杂元素，再通过时尚的设计理念，表达出了现代人对于高品质生活的追求。

01 文化背景

轻奢风格

轻奢的家居概念，早在几十年前就已经在欧美国家出现并流行。而在国内，则是最近几年才流行起来。轻奢的流行对于消费者的审美有一定的要求。这样的变化，与消费升级下美学的兴起和个性意识的崛起有着极为密切的关系。轻奢是消费者的一种真实的需求，是一种审美的升级。

在现代室内设计中，装饰艺术风格、港式风格与后现代风格等对轻奢风格的形成和发展起到至关重要的作用。装饰艺术风格又称 Art Deco 风格，其空间注重表现材料的质感和光泽，常出现不锈钢、镜面、天然漆以及玻璃等材料；港式风格是码头文化与殖民地文化的产物，在港式风格的室内装饰中，材质和家具的选择非常讲究，多以金属元素和简洁的线条营造出空间的质感；后现代风格的空间设计强调突破旧传统，反对苍白平庸及千篇一律，并且重视功能和空间结构之间的联系，善于发挥结构本身的形式美，往往会以最为简洁的造型，表现出最为强烈的艺术气质。

港式轻奢风格。

后现代轻奢风格。

装饰主义轻奢风格。

以简约风格为基础，将精致融入生活正是对于轻奢风格最好的表达。

轻奢风格注重简洁的设计，但常通过设计细节表现出隐藏的贵族气质。

02 设计理念

轻奢风格

在现代室内设计中，所谓的轻奢风格就是在不断追求高品质生活的同时，但又不过分奢华与繁复。通过软装饰品在一些简单朴素的风格中加以精致的修饰，或者将一些古典的风格变得更年轻、更现代，将一些繁复的风格变得更简洁、更时尚，更具时代感。轻奢风格虽然注重简洁的设计，但也并不像简约风格那样随意，在看似简洁朴素的外表之下，折射出一种隐藏的贵族气质，这种气质大多数通过各种设计细节来体现。如自带高雅气质的金色元素、纹理自然的大理石、满载光泽的金属，以及舒适温暖的丝绒等。

轻奢风格强调以现代与古典并重为设计原则。

轻奢空间的硬装相对简洁，常通过精致的软装呈现品质感。

轻奢风格强调以现代与古典并重为设计原则，比现代风格多了几分品质和设计感，透露生活本质纯粹的同时，又融合了奢华和内涵的气质。当今室内设计流行“轻硬装重软装”的设计理念，轻奢风格的空间设计也是如此。其硬装设计简约，线条流畅，不会采用过于浮夸复杂的造型设计，然后通过后期软装来体现古典气质是轻奢风格的重要特征。

通过软装融入古典气质的轻奢风格空间。

通过金属元素和简洁的线条营造出空间的轻奢质感。

美式轻奢风格

美式轻奢风格的家居设计讲究的是如何通过生活经历去累积自己对艺术的启发及对品位的喜好，从中摸索出独一无二的美学理念。这种设计美学也正好迎合了现代人对生活方式的追求，即有文化感，有贵气感，还不缺乏自由与情调。由于美国是一个崇尚自由的国家，这也造就了其自在、随性的生活方式，因此美式轻奢风格的室内空间没有太多造作的修饰与约束，设计方面摈弃了传统美式风格中厚重、怀旧的特点，有着线条简洁、质感强烈的特色。

爱马仕橙和金属色等充满现代感的色彩应用。

富有质感的金属灯饰表现出十足的贵气感。

经过简化处理的壁炉造型成为墙面装饰背景的一部分。

线条精致的家具与护墙板造型形成完美呼应。

棉麻家具上的铆钉与金属桌饰形成复古与时尚的碰撞。

法式轻奢风格

法式轻奢风格在整体设计上摒弃了传统法式风格所注重的繁复花纹与华丽装饰，以简约、低调的设计手法来呈现现代式的法式轻奢品质。在色彩运用上，通常会运用大面积的淡色作为主色调，并加以局部亮色作为装饰点缀，在视觉上更有层次感。在空间造型方面，更常见的是几何造型与简洁的直线条，富有现代感及轻奢感。从整体的软装搭配上来看，法式轻奢风格的室内常以简洁的设计来突显空间品位，同时在配饰的选择上也更为灵活。如可以在空间里搭配一些富有现代感的饰品摆件、艺术气息浓郁的装饰挂画，以及在造型上经过简化处理的法式家具等。

法式轻奢空间多见几何造型与简洁的直线条。

造型上经过简化处理的法式家具搭配金属、护墙板等元素增加空间的精致奢华感。

简化设计的护墙板造型与金属线条镶嵌的家具打造轻奢品质。

水晶吊灯、大理石墙面与绒布家具等元素突显空间品位。

线条简约的现代家具与带线条框的实木护墙板完美共存。

中式轻奢风格

中式轻奢风格是将传统文化与现代审美相结合，在提炼经典中式元素的同时，又对其进行了优化和丰富，从而打造出更符合现代人审美的室内空间。在装饰材料上通常会加入一些现代材料，如金属、玻璃、皮革、大理石等，让空间在保留古典美学的基础上，又完美地进行了现代时尚的演绎，使空间质感变得更加丰富。其空间配色常以黑白灰为主色调，并不是只有大红大紫才能表达中式的特点，色彩素雅和谐，在视觉上不会出现大面积饱和鲜艳的色彩，大多以素雅清新的颜色为主，比如白、灰、亚麻色等，使得整个空间看起来更加清爽和通透。

大理石、镜面、金属等多种现代材质的组合运用。

利用金属线条的现代质感打破黑色家具的厚重感。

中式轻奢风格空间多见加入金属元素的直线条家具。

中式轻奢空间在提炼经典中式元素的同时又进行了优化和丰富。

运用象牙白与金属色作为空间的基础色更符合现代人的审美。

现代轻奢风格

现代轻奢风格在继承传统经典的同时，还融入了现代时尚的元素，让室内空间更富有活力。在空间布局手法上追求简洁，常以流畅的线条来灵活区分各功能空间，表达出精致却不张扬，简单却不随意的生活理念。在装饰材料的选择上，从传统材料扩大到了玻璃、金属、丝绒及皮革等，并且非常注重环保与材质之间的和谐与互补，呈现出传统与时尚相结合的空间氛围。现代轻奢风格的空间应尽量挑选一些造型简洁、色彩纯度较高的软装饰品，数量上不宜太多，可以选择一些以金属、玻璃或者瓷器材质为主的现代工艺品、艺术雕塑、艺术抽象画等。

现代轻奢风格空间注重几何形体和艺术印象。

大理石背景墙的运用显得简洁又不失贵气感。

黄铜材质的摆件或灯饰是现代轻奢风格空间不可或缺的装饰元素。

烤漆家具上的金属线条进一步提升轻奢空间的质感。

丝绒家具表面隐隐泛光的质感非常符合轻奢的气质。

轻奢风格的室内设计不仅注重居室的实用性，而且符合现代人对生活品位的追求。其空间内的家具、布艺、地毯、灯具等软装，都能呈现出精致奢华的视觉效果。此外，在轻奢风格的家居中，除了会运用刚性材料与线性材料，配合精巧的细部工艺体现出强烈的时代特征之外，在软装饰品的运用上也很考究。

以简洁利落的硬装背景衬托出精致的软装，是轻奢风格家居常用的设计手法。

定制的灯饰具有不可复制的特点，增加轻奢风格空间的个性化和艺术气息。

家居中加入富有文艺气质的装饰摆件，可以更好地提升空间的艺术品位。

轻奢风格虽然注重简洁的软装设计，但也并不像简约风格那样随意，在看似简洁朴素的外表之下，折射出一种贵族气质。在简约的空间里，通过材质、色彩的运用和软装的搭配将轻奢独有的高级质感突显得淋漓尽致。

轻奢风格对空间的线条及色彩方面都比较注重。常以大众化的艺术为设计基础，有时也会将古典韵味融入其中，整体空间在视觉效果及功能方面的表现都非常简洁与自然。轻奢风格家居强调室内空间的宽敞与通透感，因此经常会出现餐厅与客厅处在同一空间或者开放式卧室的设计，近几年非常流行的LOFT或者大平层很受年轻人的追捧，这类户型也是打造轻奢风格的不二之选。

轻奢风格墙面常采用大理石、镜面及护墙板等材质设计几何造型，增添空间的立体感。

餐厅与客厅处在同一空间，强调空间的宽敞与通透感。

CHAPTER

轻奢风格 **设计元素**

如果说“轻”用简约的硬装来体现，那么“奢”就是用精致的软装来表现了。轻奢风格的软装搭配简洁而不随意，高级却不浮夸，每一个看似简单的设计背后，无不蕴含着极具品位的贵族气质，而这些气质往往通过家具、布艺、地毯、灯饰等软装细节呈现出来，让人在视觉和心灵上感受到双重的震撼。

01 色彩应用

轻奢风格

当室内装饰风格的演变经历了富丽堂皇的奢华后，越来越多的居住者更加愿意以一种轻松的方式营造家居环境的氛围。轻奢派们从一种追求和尊重生活质量的表达方式中，享受生活的美好。想要为空间营造出轻奢的感觉，必然要经过巧妙的色彩搭配。

轻奢风格的色彩搭配，给人的感觉充满了低调的品质感。中性色搭配方案具有时尚、简洁的特点，因此较为广泛地应用于轻奢风格的家居空间中。选用如驼色、象牙白、金属色、高级灰等带有高级感的中性色，能令轻奢风格的空间质感更为饱满。

象牙白比普通的白色更具有包容性，同时也更能够体现轻奢风格空间高雅的品质。

将驼色运用在轻奢风格空间中，能营造出酽而不燥，淡而有味的氛围。

不同层次、不同色温的灰色，能让轻奢风格的空间显得低调、内敛并富有品质感。

爱马仕橙自带高贵的气质，与轻奢风格的装饰内涵不谋而合。

轻奢风格空间中可以选择一些紫色的小型家具作为色彩点缀，让其成为空间的视觉焦点。

02 家具特征

轻奢风格

家具是室内软装配饰中极为重要的一部分，其占地面积通常能够达到室内总面积的 30% ~ 45%。因此在设计室内软装配饰时，应优先选择家具，然后再搭配灯饰、布艺、各种挂件和摆件等。轻奢风格的家具搭配有着欧式家具的优雅，也有着简约家具的气质，贴近于追求生活品质的现代家居生活。

轻奢风格家具的线条通常较为简约，沙发、床、桌子一般都为直线，不带太多曲线，造型简洁，强调功能，富含设计感。在材质方面，以板式家具居多，搭配不锈钢等一些金属材料作为辅料，并且注重独立的原创设计，具有高档的定位和品质。轻奢风格的家居中虽然不会过多摆放家具，但却十分注重家具的造型设计、舒适度与比例搭配。

尚舍一屋

整体为金属或带有金属元素的家具，可为轻奢风格家居营造精致华丽的视觉效果。

丝绒家具是轻奢风格空间最常见的家具类型之一，精致的同时还自带高级感。

异形家具造型独特，突破常规设计，将个性创意元素与实用主义融入空间中。

烤漆家具光泽度很好，并且具有很强的视觉冲击力，适合表现轻奢气质。

皮质家具让空间更具品质感，完美地诠释了简约与奢华并存的轻奢理念。

灯饰作为轻奢风格家装的重要组成部分，一方面能够满足最基本的照明需求，另一方面可通过灯饰的色彩，营造出相应的空间氛围。此外，不同外形的灯饰，还能为家居环境带来别样精致的装饰效果。一盏个性的灯饰，往往能够塑造空间的视觉中心。轻奢风格的灯饰，在线条上一般以简洁大方为主，切忌花哨，否则容易打破整个空间的平静感。此外，在灯光的色彩上可以搭配柔和、偏暖色系的颜色，为轻奢风格的家居空间营造出温馨的气息。

加入金属与水晶材质的台灯与床头柜的质感相呼应，轻奢气质油然而生。

艺术吊灯随性而不规则，成为视觉焦点的同时轻松打造出轻盈、灵动又不失精致格调的空间意境。

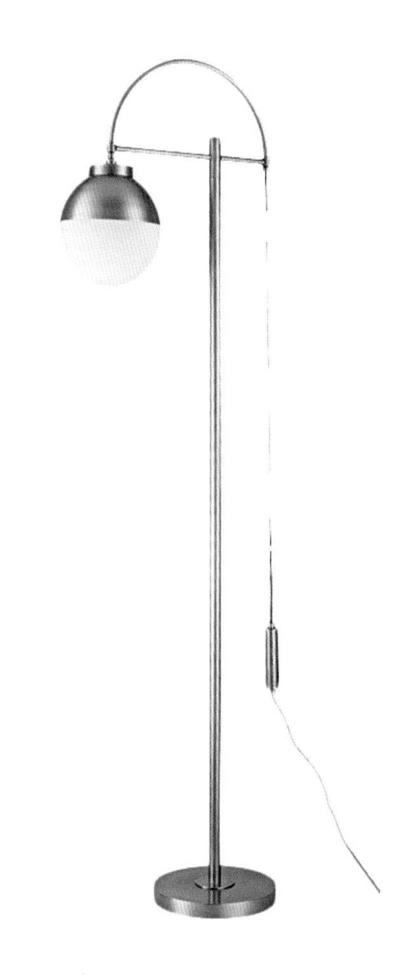

晶莹剔透的水晶灯和玻璃灯饰具有绚丽高贵、梦幻般的气质，能为家居环境带来华丽大方的装饰效果。在轻奢风格的空间中，如果客厅或餐厅的面积较大，可以考虑选择使用水晶灯作为搭配。为达到水晶折射的最佳七彩效果，最好采用不带颜色的透明白炽灯作为水晶灯的光源。

轻奢空间中的灯饰在提供照明的同时也是一件艺术品，是软装搭配中的重要元素。

全铜灯于细节处透露着高贵典雅，是轻奢风格空间最常用的灯饰之一。

在面积相对较大的轻奢风格空间中，可以考虑选择水晶灯作为主要照明用品。

04 布艺织物

轻奢风格

布艺在室内软装设计中扮演着非常重要的角色，在居室中，它不仅有着不可或缺的实用功能，而且由于其还具有丰富的色彩、纹样及不同的肌理质感，因此还能在视觉、触觉等方面，给人带来一种美的感受。不同风格的家居需要搭配不同的布艺，因此应根据整体风格来确定布艺搭配的基调。轻奢风格最主要的气质特点是高冷的奢华，每一个轻奢的空间打造都缺少不了金属、镜面等高冷的材质，所以在布艺的搭配上，应该利用织物本身的细腻、垂顺、亮泽等特点来调和金属的冷冽感。

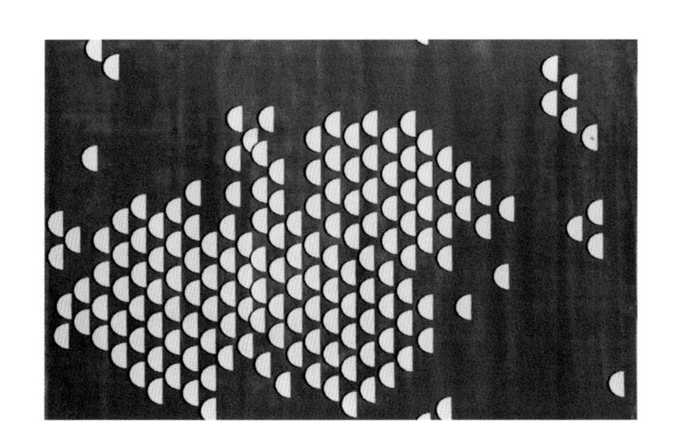

丝绒材质布艺与皮草的加入，可完美演绎极具设计感的轻奢空间。

轻奢风格家居的地毯可选择简洁流畅的图案或线条，各种样式的几何元素可为空间增添极大的趣味性。

在轻奢风格的空间中，窗帘的设计应尽可能地避免过于繁杂的纹样，也不适合过于隆重的款式，因为繁复的元素往往会破坏轻奢风格所追求的“轻”，因此素色、简化的欧式纹样常用于轻奢风格中，多倍铅笔褶的款式结合细腻垂顺的面料能营造出简单而不失奢华的美感。

印象空间

冷色调且垂顺质地面料的窗帘是轻奢风格空间常见的选择。

益善堂设计

轻奢风格更多的是从材质的差异化来体现空间的层次感和品质感。

邱玲玲设计

轻奢风格的床品常用低纯度高明度的色彩作为基础，点缀性地配以皮草或丝绒面料。

05 工艺饰品

轻奢风格

工艺饰品是轻奢风格室内空间中最具个性和灵活性的搭配元素。它不仅是空间中的一种摆设，更多的还代表着居住者的品位，并且能够给室内环境增添美感。个性与原创是轻奢风格家居的装饰原则，因此在搭配工艺饰品时，一方面需要注入对家居美学的巧思，另一方面要融入个人的风格设计，打造出独一无二的家居空间。轻奢风格空间里的每一张照片、每一件艺术品摆件、每一盏灯饰、每一件画龙点睛式的个性饰品，在强化主题风格的同时，还能提升家居的艺术感。

金属工艺品摆件呈现出强烈的装饰性，是轻奢风格空间的常见选择。

水晶工艺晶莹剔透、造型多姿，配合灯光的运用能增强室内空间的感染力。

为轻奢风格的室内空间搭配墙面装饰时，要把控好数量，以少而精为宜。可适当选择一些造型精致且富有创意的壁饰，有助于提升墙面的装饰品质。此外，还可以运用灯光的光影效果，赋予壁饰时尚气息的意境美。需要注意的是，由于软装元素在风格上统一，才能保持整个空间的连贯性，因此将装饰挂件的形状、材质、颜色与同区域的饰品相呼应，能够营造出非常好的协调感，并让家居空间显得更加完整统一。

金属壁饰搭配同色调的软装元素，可以营造出气质独特的轻奢氛围。

抽象造型的工艺品以其独具特色的艺术性，在现代轻奢家居中被广泛运用。

几何造型的装置艺术呈不规则布置，增加空间的个性与艺术感。

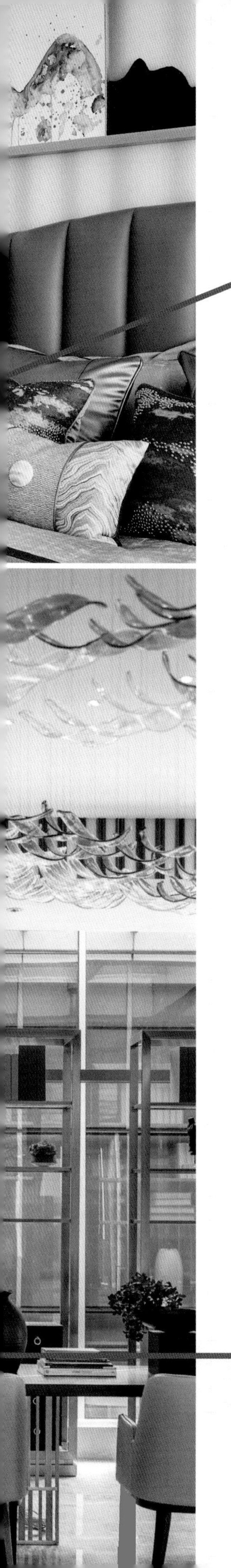

CHAPTER

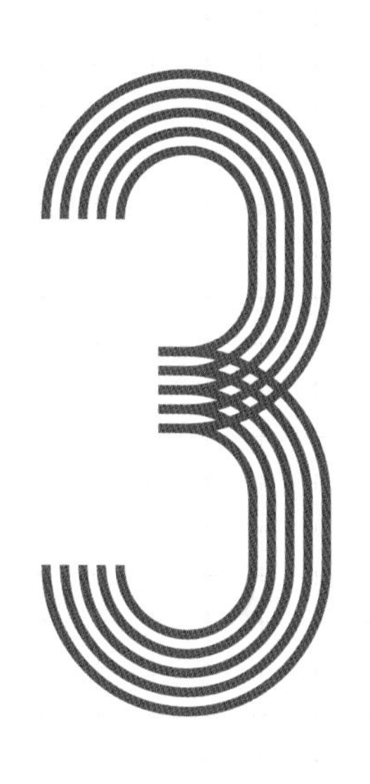

轻奢风格
材料应用

在装饰材料的运用上，轻奢风格空间讲究线条感和立体感，因此背景墙、吊顶大都会选择利落干净的线条作为装饰。墙面通常不会只是朴素白墙或涂料，常见硬包的形式，使空间显得更加精致。此外，墙面采用大理石、镜面及护墙板做几何造型也比较多，能完美地增添轻奢空间的立体感。

石材打造
独特轻奢魅力

轻奢风格的家居空间，具有前沿时尚感的同时不缺乏高贵品质，结合大理石材质天然纹理的自然气息，可以塑造更为独特的空间魅力。大理石在家居中不仅可以运用在台面中，也可以作为装饰背景运用于垂直的墙面中，简约清新的色彩结合大自然原始石材天然绽放的纹理，使轻奢风格的空间弥漫着时尚与优雅气息。近年来，采用大理石材质制造的软装饰品也层出不穷，如大理石砧板、杯垫、墙面挂饰还有烟灰缸及茶壶等，都是打造轻奢时尚空间的不二选择。

龙徽设计

戴勇设计
千寻软装设计
宜兰设计
中合深美设计
HWCD 设计

邱玲玲设计

易和极尚设计

壹舍设计

轻奢 材料运用 1

纯白色实木线条内嵌浅米色的墙纸与银镜，整个沙发背景简约而不失美学设计感。棕色的网纹大理石在电视背景墙面的应用，传递出空间奢华的格调。具有清凉、优雅感染力的灰蓝色绒面沙发，与温暖百搭的浅米色墙面形成对比，面积虽大，但不突兀，同样表现出和谐的家具主体色彩。

皮草材质
制造空间亮点

皮草自古是权贵阶层的专属，流传至今依然是彰显身份地位的一种标志。如今，这一彰显身份的标志物，已经迅速被家居装饰行业加以利用，其中以皮草为配饰的家具首当其先，成为近些年来轻奢风格室内空间的设计亮点。使用皮草作为空间的装饰元素，除了单纯的大面积使用之外，还可以增加灵活多样的搭配方式。如运用皮草材料与针织、绸缎等质感完全不同的面料相拼接，或者与其他水晶或贵金属材料搭配，通过这些不同材质的设计元素巧妙地组合在一起，可以营造不一样的视觉感受与设计韵味。

柏舍励创设计

集艾设计

GNU 金秋软装

杜文彪设计

轻奢材料运用 2

金色暗纹硬包墙面搭配金色镜面与线条，表现出暖色调的轻奢风格。在立面装饰上，铜质的金属、镜面、皮革、大理石、水晶是轻奢空间最常用的材料。 具有强烈反光质感的米黄色大理石墙面上搭配水晶材质壁灯，内含暖色光源，在灯光的作用下整体更显璀璨、奢华。

库玛设计

力设计

梁志天设计

邱德光设计

太合麦田设计

乐尚设计

柏舍励创设计 布鲁盟设计 戴勇设计

方界设计 宏约深美 尚舍一屋

麻玉婷设计

金属材质
营造摩登氛围

轻奢风格注重设计手法上的简洁、大气，但并非忽视空间的品质和设计感，而是通过材质上糅合使其品质升华，从而达到奢华的空间气质，不着痕迹地透露出对于精致、品质生活的追求。金属材质自带摩登而不缺乏装饰主义的气息，是体现轻奢质感的常用元素，无论是高光的金属材质，还是哑光的金属材质，都极具张力与摩登气息。如果是抛光金属，其表面还具有镜面反射的作用，可与周围环境中的各种物体或色彩产生交相辉映的效果。加以灯光的渲染烘托，还能对空间的整体效果起到映衬的作用。

筑鹿设计

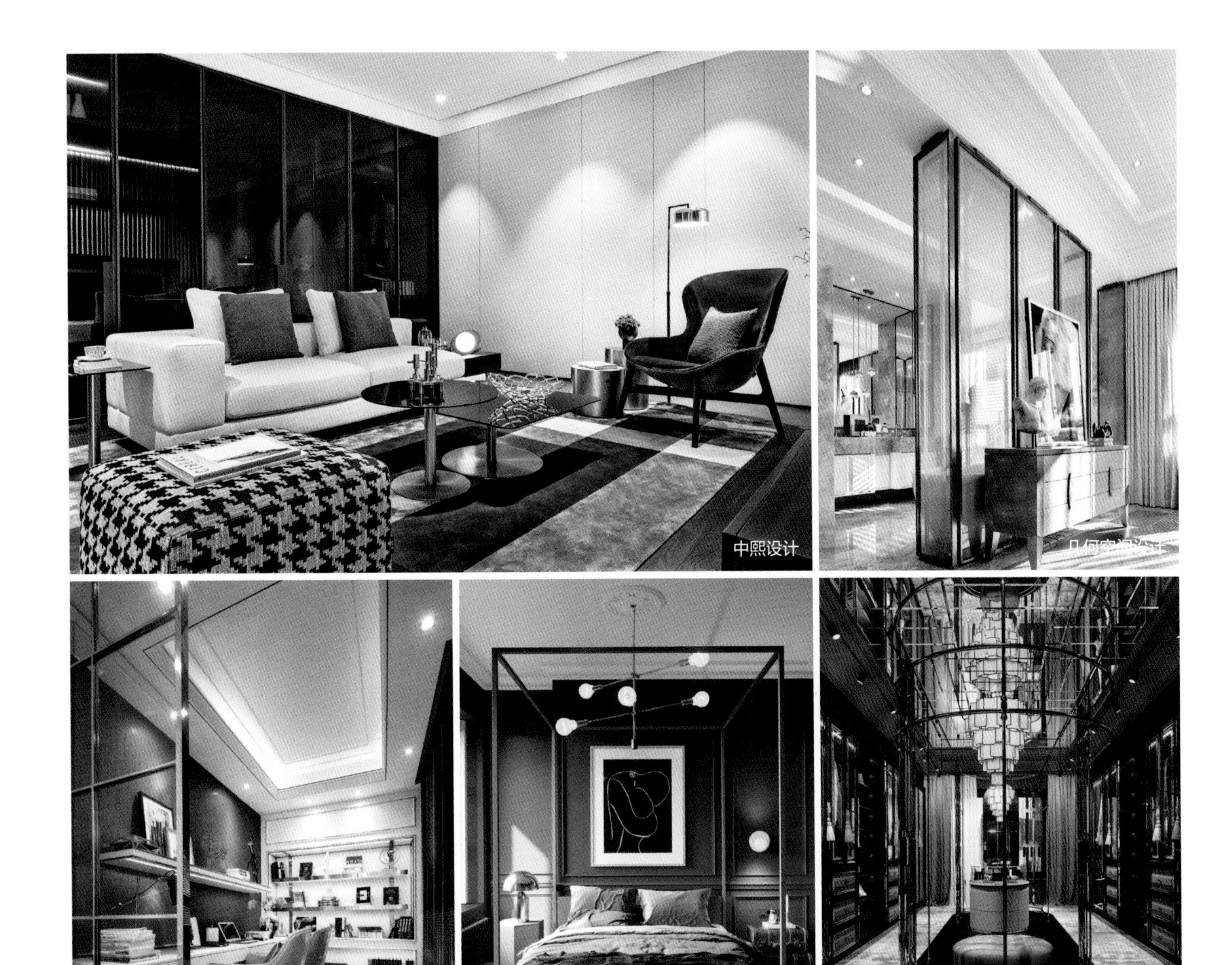

轻奢材料运用 3

采用立体感柔软饱满的奶白色软包作为背景，和床靠一起营造出了一个浪漫的卧室空间。独特的横向纹理木头贴面，呈现出了高档的质感。局部的橙黄色装饰作为点缀色出现，缓和了卧室棕色调的古旧感。棕色、白色、黑色与橙色不同占比的运用，吻合了大众认可的流行，并且表现出了一种通俗化的色彩搭配趋势。

ULD 家居设计

壹舍设计

元禾大千设计

GDG 设计
H DESIGN 设计
东荷逸品设计
渡边智设计
多角度空间设计
方界设计
集艾设计

金属线条
营造视觉张力

将金属线条镶嵌墙面上，不仅能衬托空间中强烈的空间层次感，在视觉上同样营造出极强的艺术张力，同时还可以突出墙面的线条感，增加墙面的立体效果。金属线条颜色种类很多，在轻奢风格空间中，最好采用玫瑰金色或者金铜色的金属线条，以突显出轻奢风格精致的空间魅力。

冷元宝设计

梁志天设计

元禾大千设计

GDG 设计

H&W 设计

飞视设计

[illegible]拉设计

观复营造

黄志达设计

开戊空间设计
冷元宝设计
司马设计
太合麦田设计
同心同盟设计
沃屋设计

木饰面板的 **运用技法**

木饰面板在轻奢风格的家居装饰中有着举足轻重的地位，其表面的天然木纹清晰自然，色泽清爽，有着别具一格的装饰效果，并且能为时尚现代的轻奢风格空间带来几分自然的气息。此外，木饰面板还有着结构细腻、耐磨、涨缩率小、抗冲击性好等多种优点。在轻奢风格的家居装修中，木饰面板可做本色处理，提高它的亮度，也可以根据喜好及空间自身的特点和风格，涂刷适宜的颜色服务于整体空间的配色。由于其选择范围广，品种丰富等，所以在设计中应选择适宜的颜色定制匹配整体空间的配色。

黄志达设计

龙徽设计

GNU 金秋软装
HWCD 设计
冷元宝设计
梁志天设计
邱玲玲设计
双宝设计

护墙板的
类型及搭配

护墙板是轻奢风格的室内墙面装饰的必选材料。用于制作护墙板的材质品种丰富，其中以实木、密度板及石材作为护墙板最为常见，此外，还有采用新型材料制作而成的集成墙板。根据现场背景尺寸与造型，护墙板可分为整墙板、墙裙、中空墙板等。护墙板的颜色可以根据空间整体的风格来定，轻奢风格中的护墙板多数以白色、灰色和褐色居多，也可以根据个性需求进行颜色定制。

集艾设计

集艾设计

潘旭强设计

轻奢材料运用 4

丝绒面料给人轻滑的触感，向来被优雅的女性所青睐。大面积轻柔的粉色丝绒结合大地色的地面，彰显着维罗纳式的浪漫与纯美。黑色面料的贵妃榻和靠枕的穿插摆放，恰到好处地消解了粉色和金色带来的滑腻感。大面积的灰色墙面和灰粉色的摄影作品，稳定视觉上色彩过渡之间的秩序，完成了一个格调高雅的叙事情景。

麻玉婷设计

平仄室内设计
印象空间设计

奥迅设计
奥迅设计
KSL 设计
KSL 设计
ULD 家居设计
HWCD 设计

宜兰设计

印象空间设计

易和极尚设计

紫香舸设计

有宅设计

柏舍励创设计

安装镜面
彰显轻奢品质

在轻奢风格的空间中，少不了镜面的装饰，将各种不同质感的镜面材质灵活地贯穿其中，可以营造出独特富有个性的空间气质。在相对狭长的空间里，于局部立面的位置设置镜面装饰，不仅可以让空间看起来更具有纵深感，而且还能在视觉上起到拉升拓展空间的作用。但需要注意安装镜面作为装饰背景时，应使用便于作为收口的材料进行收口处理，以增强其安全性和美观度。

伊派设计

邱德光设计

轻奢材料运用 5

这个空间大胆运用了多材料的组合，产生了独特的装饰效果，突破了功能主义对装饰效果的约束，并突显了后现代轻奢风格的人性化、自由化。木质、玻璃、皮革材质的大面积应用，以复杂性和矛盾性去洗刷现代主义的简洁性与单一性。采用非传统的混合叠加灯饰的设计手段实现了多元化的统一。

磐石设计

刘荣禄设计

壹次方空间设计

GNU 金秋软装

创时空设计

零次方空间设计

黄志达设计

御融设计

中合深美设计

筑鹿设计

1890 设计
林志豪设计

朴悦设计

张瑞华设计

皮革的 类型及运用

一直以来，皮革在人们心中是奢华、高贵及充满野性的象征，人们对于皮革的认知与运用已经完全融入日常生活中，且总有一种敬畏之心，而家居装饰的轻奢风格空间里，也离不开皮革的融合。皮革的强烈质感与纹理适宜用在居家空间中较大的部分区域，比如空间立面背景的软硬包装饰或者客厅的沙发、茶几或抱枕等。皮革面料可分为仿皮和真皮两种，在选择仿皮面料时，最好挑选哑光且质地柔软及其厚度相对密实的类型，太过坚硬与密度稀疏的仿皮面料容易出现裂纹、脱皮及拉伸变形的现象。

刘荣禄设计

ULD 家居设计

轻奢材料运用 6

这是一个将对比发挥得淋漓尽致的空间，金色与蓝色、丝绸与丝绒、大理石与玻璃。不同材质之间的碰撞让这个空间擦出了与众不同的火花，一扫视觉上的沉闷，给进入这个家的人带来一场视觉盛宴。黑色亮光金属楼梯，用打破常规的弧形作为装饰，纤细的线条与空间中其他线条相得益彰，于低调简约中散发古典气质，尽显装饰主义的奢华气质。每一种材质的选择，每一种颜色的搭配，每一个线条的把握，都兼具了视觉、触觉的功能效应，是艺术与家具性能的完美融合。

集艾设计

CCD 设计

CCD 设计

观复营造

御融设计

CCD 设计

HWCD 设计

HWCD 设计

BOSWELL 设计

CCD 设计

GNU 金秋软装

椐格设计

INHOUSE 设计
INHOUSE 设计
INHOUSE 设计
INNEST 意巢设计
壹舍新作
库玛设计

丝绒材质的 **搭配技法**

丝绒是割绒丝织物的统称，其材质表面有绒毛，大多数由专门的工艺处理后构成。由于绒毛平行整齐，故呈现丝绒所特有的光泽，十分适用于轻奢风格的空间中。丝绒由无数极细的毛绒簇集而成，其光泽度不逊色于丝绸，却比丝绸多了一种温润的触感、区别于丝绸的沉稳和类似磨砂效果的特殊质感。把丝绒面料用在单品或者融合在其他产品上，都能起到画龙点睛的作用。在轻奢风格空间中大面积使用时，总能和其他材质的家具搭配出独特的装饰效果。

清羽设计
朴悦设计
香榭蒂设计

烤漆家具的 **特点及运用**

烤漆家具色泽鲜艳、贵气十足，并且具有很强的视觉冲击力，似乎专为轻奢风格而生。简洁干练的家具线条，搭配烤漆特有的温润光泽，能够很好地打造出奢华而又不浮躁的空间气质。

还可以为烤漆家具融入镜面、金属、描金等材料和工艺，让其更加时尚耐看，光彩夺目。烤漆板的基材一般为中密度板，在表面经过打磨、上底漆、烘干、抛光而成，因此还具有防潮、防水、抗污能力强及稳定性好、耐磨性高的多种优点。

潘旭强设计

朴悦设计

H&W 设计
昊泽空间
玉婷设计
品悦公装
慎恩装饰设计
伊派设计
元禾大千设计

金属家具
突显轻奢品质

整体为金属或带有金属元素的家具，不仅能营造精致华丽的视觉效果，而且以富有设计感的造型，能让轻奢风格的室内空间显得更有品质感。同时金属家具简洁的线条与空间的融合度较高，搭配金碧辉煌的色彩，完美地诠释了简约与奢华并存的轻奢理念。此外，近年来大理石在家具设计中的运用也越来越多见，天然大理石和金属的碰撞，让轻奢空间更显立体感和都市感。

方磊设计　理丝室内设计

天鼓装饰设计　菀如设计　伊派设计

奥迅设计
迦曼嘉设计
吴滨设计

全铜灯的
类型及搭配

如果是整体风格较为华丽的轻奢家居，不妨考虑搭配全铜灯与之配套。全铜灯基本上以金色为主色调，处处透露着高贵典雅，是一种非常贵族的灯饰。全铜灯在材质上主要以黄铜为原材料，并按比例混合一定量的其他合金元素，使铜材的耐腐蚀性、强度、硬度和切削性得到提高。优质的全铜灯色彩均匀牢固，由于其覆膜工艺，基本上不会发生褪色和掉块的现象。相比于欧式铜灯，轻奢风格空间中的铜灯线条更为简洁，在类型上常见的有台灯、壁灯、吊灯及落地灯等。

HDESIGN 设计

赫设计

库玛设计

梁志天设计

冷元宝设计

中合深美设计

CHAPTER

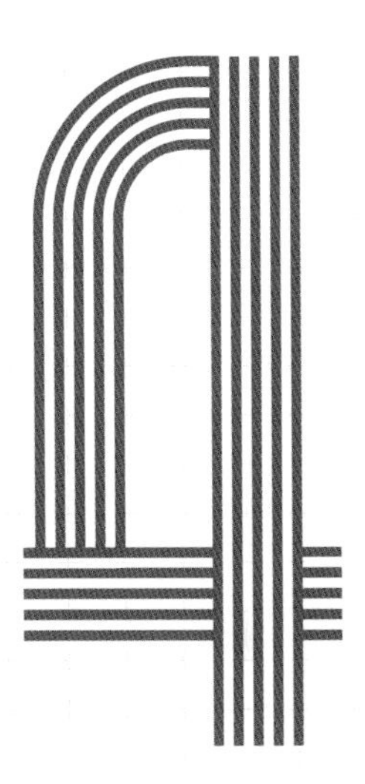

轻奢风格
配色设计

色彩是定位风格的重要因素之一，因此想要为家居空间打造出轻奢的感觉，必然要经过巧妙的色彩搭配。轻奢风格家居的色彩搭配给人的感觉不张扬，充满了低调的品质感。中性色搭配方案具有时尚、简洁的特点，因此较为广泛地应用于轻奢风格的家居空间中。选用如黑色、白色及炭灰色等带有高级感的中性色，能令轻奢风格的空间质感更为饱满。

质感高级的
金属色

轻奢风格的室内空间常常会大量地使用金属色，以营造奢华感。金属色是极容易被辨识的颜色，非常具有张力，便于打造出高级质感，无论是接近于背景还是跳脱于背景都不会被淹没。

金属色的美感通常来源于它的光泽和质感，因此金属色最常体现在家具的材质上，如将实木家具与金属色进行混搭，如利用黄铜或其他金属包裹家具的边缘，用黄铜五金件修饰实木家具，既能同时保留木材与金属的两种质感，又强调了金属色的地位。金属制成的软装饰品同样能产生这种效果，如金属色的盘子、挂钩、花插，只需要一点点缀，就能改变整个空间的氛围。

HDESIGN 设计

HDESIGN 设计

H&W 设计
聚舍联合设计
HWCD 设计
范创意设计

易和极尚设计

邱玲玲设计

臻品设计

臻品设计

周留成设计

易和极尚设计

尚层装饰

细腻温润的 **象牙白**

象牙白相对于单纯的白色来说，会略带一点黄色。虽然不是很亮丽，但如果搭配得当，往往能呈现出强烈的品质感。而且其温暖的色泽能够体现出轻奢风格空间高雅的品质。此外，由于象牙白比普通的白色更具有包容性，因此将其运用在室内装饰中，能让居住空间显得非常细腻温润。同时也可以在整体以象牙白为主基调的空间里，适当地搭配一些彩色，为轻奢空间增添一丝自然优雅又不失活泼的气息。

1890 设计
GNU 金科软装
双宝设计

GNU 金秋软装
IDEAL_YLH 设计
易和极尚设计
元禾大干设计

艺居软装

印尚设计

邱德光设计

慎恩装饰设计

上色国际设计

上上国际设计

太合南方设计
太合南方设计
张瑞华设计
HDESIGN 设计

优雅高贵的 **蓝色**

如果不满足于千篇一律的家居色调，也可以尝试在时尚简约的轻奢家居中，注入一抹优雅高贵的蓝色，一方面可用于调节气氛，另一方面也能展现出典雅的家居风情。点缀一点跳跃的颜色，以起到营造视觉焦点的作用。这些跳跃性的色彩，可以通过小家具、花艺、装饰画、饰品、绿色植物等配饰来完成。

杜文彪设计

印象空间设计

轻奢配色设计 1

两个与室外紧密相连的空间中，通过家具、落地窗、地面材料、陈列品，甚至光线的变化，明确地表现出了不同空间功能的划分。黑与白是极简主义的常用色，而金色又营造出了优雅与奢华的格调。不同材质的黑色跳跃在金属、面料、相框合金等不同地方，多种色带的处理方式，体现出了一个符合现代人居住的高品质住宅环境。

宏约深美

大森设计

库玛设计

吴文莉设计

漾设计

HWCD 设计
青云居设计
印象空间设计

上上国际设计

紫香舸设计

低调内敛的 **高级灰**

高级灰是介于黑和白之间的一系列颜色，比白色深些，比黑色浅些，大致可分为深灰色和浅灰色。不同层次不同色温的灰色，能让轻奢风格的空间显得低调、内敛并富有品质感，同时让空间层次更加丰富。如果觉得在空间里大面积地运用灰色系会显得过于清冷，那么可以尝试在家具、布艺及软装饰品上适当地运用暖色系作为点缀，不仅能缓解空间的清冷感与单调感，而且还能让轻奢风格室内空间的色彩搭配显得更加丰富。

乐尚设计

青云居设计

乐尚设计

H&W 设计

布鲁盟设计

紫香舸设计

上上国际设计

库玛设计

冷元宝设计

上色国际设计

诗享家设计

上色国际设计

HWCD 设计
奥迅设计
布鲁盟设计
宏福樘设计
黄志达设计
冷元宝设计
开戊空间设计
开戊空间设计

龙徽设计

林悦设计

轻奢配色设计 2

金色总是带着古典的韵味，利落的线条又能体现现代审美中的优雅与大气。一个空间里同时具有古典和现代两副面孔，得益于简约的白色沙发和蓝色绒面沙发所呈现的质感。普鲁士蓝的发现在西方美术史里是一个蓝色颜料的革命，它沉稳高贵，在空间中呈现出惊鸿一瞥的风姿。其余的家具则以点缀黄铜元素来处理，似乎还能看见美杜莎的面孔，典雅而大方。

近逸设计

冷艳轻奢的
孔雀绿

孔雀绿中融合了蓝色与黄色，神秘而充满诱惑，高贵而清透有生气，因此能够让轻奢风格的室内空间如同高傲的孔雀般显得冷艳高贵。此外，孔雀绿的色彩质感犹如宝石一般，将其运用在轻奢风格中，能使空间的色彩装饰效果显得更为强烈。而且由于其本身也是种非常容易搭配的色彩，并且明度适中、包容性高。因此，无论是小面积点缀还是大面积运用，都能呈现出很好的视觉效果。

龙徽设计

大森设计
力设计
菀如设计
意境设计

范创意设计

开戊空间设计

壹舍设计

上色国际设计

上上国际设计

吴文莉设计

香榭蒂设计

紫香舸设计

温馨时尚的 **爱马仕橙**

爱马仕堪称奢侈品中的贵族，代表着潮流时尚。爱马仕橙没有红色的浓烈艳丽，但又比黄色多了一丝明快与热情，在众多色彩中显得耀眼却不令人反感，而且其自带高贵的气质，与轻奢风格的装饰内涵不谋而合。爱马仕橙在轻奢风格的空间中以点缀使用为主，如背景墙装饰、窗帘、椅子、抱枕、软装饰品等，都可适当运用。此外，由于爱马仕橙属于偏暖的色调，将其运用在轻奢风格中，不仅能中和空间的色彩比例，而且能让居住环境更加温馨、时尚。

SCDA 设计

零次方空间设计

零次方空间设计

木君建筑设计

伊派设计

伊派设计

轻奢配色设计 3

这个空间以白色与米灰色的背景色调，打造出带有几何美感的环境。以棕色和暖灰色作为主体用色，令空间的大关系呈现出稳定的一面。点缀色上采用靛蓝与鹅黄的低饱和度补色对比，将时尚的雅奢气质传递了出来。此外，卧室中明亮的软光能柔和地勾勒事物的轮廓，在柔和光线的投射下，能让人产生欢喜与宁静的感觉。

近逸设计

SCDA 设计

开戊空间设计

尚舍一屋

邓子设计

壹舍设计

壹舍设计

臻品设计

自然亲切的 驼色

驼色为中性色，是一种变色的棕色，或者说是一种纯度较低的大地色，能为室内环境带来温暖轻奢的感觉。由于和土地颜色相近，驼色还蕴藏着安定、朴实、沉静、平和、亲切等内涵气质，并且呈现出十足的亲切感。和红色、绿色等鲜艳的色彩一样，驼色也是源于大自然，但这种来自自然界的色彩却具有一种非常都市化的味道。因此将其运用在轻奢风格空间中，能营造出酽而不燥，淡而有味的氛围，虽然平和宁静，但绝不乏味。

双宝设计

张瑞华设计

极美设计

轻奢配色设计 4

浅浅的奶咖色如卡布奇诺一般丝滑诱人，搭配柔和细腻的薰衣草紫色，使得卧室有种如法国老电影《恋恋巴黎》一般的清新浪漫。奶白色的家具、黄铜金色的线条、曼妙的几何元素，加上妙不可言的光感，就连最平凡的事物，也都氤氲在柔美的色彩中。紫色体现着人们对于优雅浪漫生活的追求。雅致的配饰，不仅舒适，还洋溢着浓郁的文化气息，让整体空间看起来温暖又温馨。

印象空间设计

范创意设计
大森设计
ADD 设计
益善堂设计
印象空间设计

大森设计
双宝设计

天鼓装饰设计

有宅设计

张瑞华设计

臻品设计
尚舍一屋设计
司马设计
意境设计
印象空间设计

臻品设计
SKH 室内设计

华贵神秘的 紫色

紫色是一种充满华贵和神秘气质的色彩，而且极富时尚感，恰好与轻奢风格要表达的优雅与精致的气质相得益彰。轻奢风格空间中可以选择一些紫色的小型家具作为色彩点缀，让其成为空间的视觉焦点。比如选择紫色沙发和扶手椅就是一个很好的选择。需要注意的是，在轻奢空间中使用紫色，色彩的对比搭配十分关键，以免让整体色彩效果失去重心，显得突兀。比如将紫色家具作为视觉中心之后，周围的装饰应尽量选择浅色或者灰色与之形成对比或作为映衬。

观复营造设计

奥迅设计

轻奢配色设计 5

以优雅如烟般细腻的浅灰色系，作为主背景色来表现出现代家居空间的语境。大块面的暖灰色背景，与菱形的普鲁士蓝色软包一起谱写了一曲和谐的奏鸣曲。起源于伊斯兰装饰的几何图案地毯，为空间注入一丝浪漫情趣。以黄铜作为家具轮廓及空间结构间架的收口，提升了空间的气质。

品辰设计

Alex Tragodin 设计

印象空间设计

Baptiste Bohu 设计

DE 设计

戴勇设计

ULD 家居设计

轻奢 配色设计 6

整个空间主要由黑色与白色组成。黑色暗纹壁纸有着很强的肌理感和一定的光泽度。象牙白色床头以几何纹样装饰，纯白色的床品则以简洁的黑色线条作为装饰。材质上并没有很浮夸，而是选择低调细腻纹理的布料以彰显低调的品质感。空间中黑与白搭配和谐，像钢琴上的黑白键，仿佛正在谱写一曲优雅而深沉的曲子。

奥迅设计

集艾设计

HDESIGN 设计

麻玉婷设计

迦曼嘉设计

大森设计

上色国际设计

目心设计

力设计

壹舍设计

CHAPTER

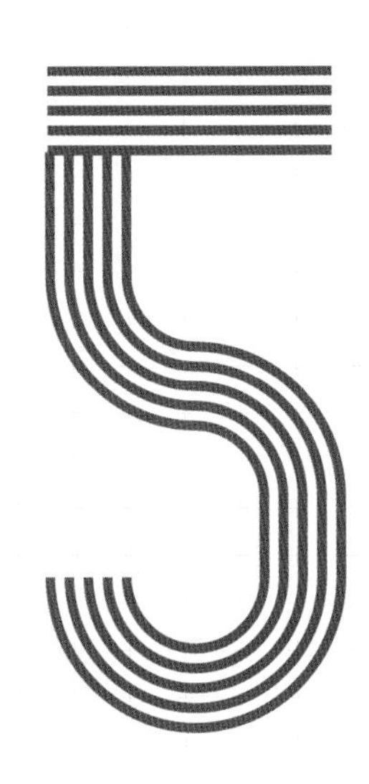

轻奢风格 **软装陈设**

轻奢风格的个性化可以体现得很具体，比如一盏为特定空间设计定制的灯饰，一幅名家所作的画作及为空间量身定制的家具等。这些具有不可复制性的元素，都是轻奢风格室内空间的点睛之笔。设计高品质的轻奢风格空间，并不需要太多的奢侈品，也不需要过度烦琐的细节。只需在色彩搭配及软装设计等环节上进行合理规划，再搭配少数与众不同、别具特色的小物品，就能完美地呈现出轻奢空间的审美与品质。

轻奢风格
窗帘设计

轻奢风格的空间可以选择冷色调的窗帘来迎合其表达的高冷气质，色彩对比不宜强烈，多用类似色彩来表达低调的美感，然后再从质感上中和冷色带来的距离感。可以选择丝绒、丝棉等细腻、亮泽的面料，尤其是垂顺的面料更适合这一风格，具有非常好的亲和力。在造型及图案设计上应趋于简约的款式，再配合精致的面料，形成独特的轻奢魅力。

GNU 金秋软装

ULD 家居设计

大仓设计

黄志达设计

纳沃设计

CCD 设计

1890 设计

BOSWELL 设计

集艾设计

GDG 设计　GNU 金秋软装

轻奢软装陈设 1

印象空间设计

家居空间讲究纯净优雅，家具线条更宜简约而细微。挂饰的形式则严谨兼具自由，明亮大胆，丰厚却又纯净。结合精致的墙板和金属收口线条，使空间更具有艺术性。金属和镜面向来是两种易于搭配的元素，但镜面元素要注重灵活多变，每个空间都是一个整体，好的装饰画或镜子都能呈现艺术气质，但要注意主体与客体之间的层次搭配。

轻奢风格
床品设计

轻奢风格的床品常用低纯度高明度的色彩作为基础，比如暖灰、浅驼等颜色，靠枕、抱枕等搭配不宜色彩对比过于强烈。在面料上，压绉、衍缝、白织提花面料都是非常好的选择，点缀性地配以皮草或丝绒等面料，不仅可以丰富床品的层次感，而且还能强调卧室空间整体的视觉效果。

平仄室内设计

尚层装饰

创时空设计

欧阳金桥设计

尚层装饰

臻品设计

宣舍设计

梵池作品

中熙设计

杜文彪设计

范创意设计

易和极尚设计

轻奢风格
地毯设计

轻奢风格空间的地毯既可以选择简洁流畅的图案或线条，如波浪、圆形等抽象图形，也可以选择单色。各种样式的几何元素地毯可为轻奢空间增添极大的趣味性，但图案不宜过于复杂，更要注意与家具及地板之间的协调，比如沙发的面料图案繁复，那么地毯就应该选择素净的图案，若是沙发图案过于素净，那么地毯可以选择更丰富一些的图案。如果地板的颜色是深色，那么地毯的颜色就应该选择浅色，反之则选择深色。这样才能更好地突出空间的层次感。

戴勇设计
点墨设计
CINDERELLA
周留成设计
印象空间设计

CCD 设计

GNU 金秋软装

H DESIGN 设计

IDEAL_YLH 设计

魅无界设计

牧杉室内设计

轻奢软装陈设 2

遵循简约的装饰原则，这个空间所选用的是经过改良的古典风格家具，可以很强烈地感受到经典的痕迹和文化底蕴，同时又简化了线条，有着摩登中带着东方气质的特色。简约的空间设计往往非常含蓄，有着以简胜繁的美感。一幅具有当代意味的摄影艺术作品，诉说着空间精神层面的诉求，从而也避免了家居装饰在文化层面上的空泛。

集艾设计

轻奢风格
抱枕搭配

抱枕在轻奢风格的家居环境中可以起到画龙点睛的装饰作用，抱枕的搭配最好参照整体空间的配色，如果是软装色彩比较丰富的轻奢空间，在选择抱枕时最好采用与其他软装元素同一色系的颜色，这样不会使空间环境显得杂乱。如果整体色调比较单一，则可以在搭配抱枕时使用较为跳跃的颜色，但不可对比过于强烈，轻奢风格更多的是从材质的差异化来体现空间的层次感和品质感，所以，当为皮质的沙发搭配抱枕时，可以选择一些皮草、丝绒等细腻温和的面料来进行搭配；反之，当为丝绒面料的沙发搭配抱枕时，可以选择一些皮质或金属质感的抱枕来进行搭配。

方磊设计

布鲁盟设计

木君建筑设计

香榭蒂设计

王五平设计

张瑞华设计

创时空设计

观复营造

库玛设计

开戊空间设计

观复营造

乐尚设计

库玛设计

印象空间设计

异形家具的 **设计及应用**

随着室内设计行业的不断发展，轻奢风格家具的设计也呈现出日新月异的趋势。在轻奢风格的空间添加一些奇妙的异形家具，能为家居设计带来意想不到的惊喜。这种造型独特、突破传统常规的家具设计，带来了一种全新的感觉和生活体验，将个性创意元素与实用主义融入空间中，不仅能把轻奢风格的空间装点得更具气质，而且还让家居装饰成为一种艺术。

在搭配异形家具时，应控制好陈设数量，一般选择一两件作为轻奢空间的装饰焦点即可。

王五平设计

壹舍设计

CCD 设计

Alex Yagodin 设计

HWCD 设计

库玛设计

乐尚设计

力设计

梁志天设计

纳沃设计

品辰设计

双宝设计

轻奢风格
餐桌摆饰方案

餐桌摆饰是轻奢风格软装布置中一个重要的单项，它便于实施且富有变化，轻奢风格的餐桌摆饰主要以呈现精致轻奢的品质为主，往往呈现出强烈的视觉效果和简洁的形式美感。设计上摒弃了现代简约的呆板和单调，也没有古典风格中的烦琐和严肃，而是给人恬静、和谐有趣的感受，或抽象或夸张的图案，线条流畅并富有设计感。餐桌的中心装饰可以采用黄铜材质制作的金属器皿或玻璃器皿。在餐具的选择上，主要以玻璃、陶瓷以及不锈钢等材质为主，一般通过镶金边的形式呈现出低调的精致感。

HDESIGN 设计

柏舍励创设计

LYO 空间设计

大集设计
方磊设计
集艾设计
力设计

库玛设计
库玛设计
刘荣禄设计
元禾大千设计

轻奢软装陈设 3

复杂曲线多变的灯饰搭配简洁的米色窗帘和毯子，不规则形状的金属质感床头是点睛之笔，多色彩的结合产生碰撞，有一种独特的高级美。地毯则采用大面积绿色，让整体空间放大。整个空间运用多色彩与复杂的线条变化，打破了现代主义的简洁与单一，打造出另类的凌乱美，视觉上达到了多元化的统一。

INNEST 意巢设计

TRD 设计

奥迅设计

东易日盛设计

艺术吊灯
增添个性气息

别致的灯饰是轻奢美学与建筑美学完美结合的产物。在轻奢风格的室内空间中，灯饰除了用于满足照明需求外，还具有无可替代的装饰作用。艺术吊灯可以为轻奢风格空间增添几分个性气息，并且以其缤纷多姿的光影，提升空间的品质感。艺术吊灯的材质以金属居多，金属的可延展性为富有艺术感的灯饰造型带来了更多的可能性，并且以其精炼的质感，将轻奢风格简约精致的空间品质展现得淋漓尽致。

库玛设计

龙徽设计

梁志天设计

木君建筑设计

轻奢空间的
间接式照明设计

间接式照明在轻奢风格室内也很常用，作为现代室内装饰中不可或缺的重要组成部分，其功能已不只是满足于单一的照明需要，而是向多元化的装饰艺术转化。利用灯带及暗藏光源等作为空间的基础照明，可以制造出只见灯光，不见灯饰的灯光效果，增加了轻奢风格家居的层次感，丰富了光的语境。这类照明经常被应用到吊顶中，也可以用在装饰柜内。

方界设计

方磊设计

黄志达设计

冷元宝设计

零次方空间设计

梁志天设计

INHOUSE 设计

HDESIGN 设计

奥迅设计

柏舍励创设计

布鲁盟设计

轻奢软装陈设 4

古铜质感的吊灯、茶几、台灯与落地灯，继承了厚重的历史文化。实木的桌椅与木地板突显了主人的怀旧情结。颜色上有绿色的座椅靠背、湖蓝色的坐垫与装饰画，桃红色的墙面挂饰，利用撞色的处理，打破了传统的配色成规，并突出了居住者的独特品位。古典与时尚在独特的搭配中达到了和谐与统一。

独具个性的
饰品搭配

轻奢风格追求的是不按惯性出牌的设计，而追求独特的个性是轻奢风格设计的推动力。软装饰品中其实并不需要太多的奢侈品，也不需要过度繁复的造型和花样，只需要几件少数与众不同的、别具艺术特色的小物品来彰显生活品位与审美就已足够。

奥迅设计

东易日盛设计

CCD 设计
H&W 设计
HWCD 设计
INHOUSE 设计
元禾大干设计

清羽设计

邱德光设计

香榭蒂设计

太合南方设计

中合深美设计

艺术化元素的 **运用**

空间设计的最终目的是让人能有舒适的居住享受。这种享受除了满目所及的轻奢元素之外，满足艺术带给人的精神享受也是至关重要的。因此在装饰轻奢风格的空间时，可以适当地在其中融入艺术化元素，比如一幅抽象的艺术挂画，一件富有文艺气息的装饰摆件等。

张瑞华设计

臻品设计

印象空间设计
元禾大干设计
中熙设计
周留成设计

千寻软装设计

SKH 室内设计

奥迅设计

方黄设计

赫设计

黄志达设计

丰艾设计

开戊空间设计

元禾大干设计

金属挂件
营造轻奢氛围

金属是工业化社会的产物，同时也是体现轻奢风格特色最有力的手段之一。一些金色的金属壁饰搭配同色调的软装元素，可以营造气质独特的轻奢氛围。需要注意的是，在使用金属挂件来装饰墙面时，应添加适量的丝绒、皮草等软性饰品来调和金属的冷硬感。在烘托轻奢空间时尚气息的同时，还能起到平衡家居氛围的作用。

尚舍一屋

双宝设计

元禾大干设计

轻奢软装陈设 5

灯具是体现设计语言的良好载体，它往往站在时尚的最前沿。所以利用具有高科技含量的灯具，来表达空间的未来时尚感很讨巧。LED 灯光的大量应用，彰显了这个空间的格调。运用矩阵造型的顶灯、抽象风格的壁灯，以及充满着线路板意向的地面造型与墙饰，附以大面积的反光玻璃装饰，很好地传达了科技与未来的遐想。

迦曼嘉设计

开戊空间设计

双宝设计
邱玲玲设计

尚层装饰

轻奢风格
装饰画搭配

装饰画是现代家居中必不可少的装饰元素。轻奢风格空间于浮华中保持宁静，于细节中彰显贵气，既可以在墙上挂一幅装饰画，也可以把多幅装饰画拼接成大幅组合，以制造强烈的视觉冲击效果。此外，抱枕、地毯及摆件等都可以和装饰画中的颜色进行完美的融合。在装饰画的画框搭配上，除了黑白灰色的细边框及无框画，细边的金属拉丝框是最为常见的选择，可与同样材质的灯饰和摆件进行完美呼应，给人以精致奢华的视觉体验。

几何空间设计

勇设计
壹舍设计

印象空间设计

张瑞华设计

伊派设计

中合深美设计

轻奢软装陈设 6

黑色与金色的经典搭配贯穿在整个客厅中，为空间调和出一种复古又摩登的魅力气质。带些许灰度的紫色丝绒沙发，在中和了金属与石材硬朗气质的基础上，又多了一份梦幻般的神秘与柔和。墙面上的金色镂空装饰挂件，更是点睛之笔，与黑色、紫色完美融合，画风趋于抽象。在细节之处能发现饰品和台灯都采用了一些几何元素。

伊加[illegible]设计

轻奢风格
装饰画内容选择

轻奢空间的装饰画一般会选用建筑物、动物、植物、设计的海报、英文诗歌等内容为素材，使用摄影、油画、插画等表现手法，将高品质的艺术气息展现出来，色彩上也是以淡雅为主。此外，还可以将抽象画的想象艺术融入空间里。抽象艺术最早出现于俄国艺术家康定斯基的作品中，它是由各种反传统的艺术影响融合而来，虽然一直被人们看成是难懂的艺术，不过在轻奢风格的空间里却能起到画龙点睛的作用。

壹舍设计

香榭蒂设计

意境设计

印象空间设计

臻品设计

太合麦田设计

王五平设计

沃屋设计

壹舍设计

易和极尚设计

印尚设计

伊派设计

轻奢风格 花艺设计

轻奢风格花艺的造型与构图往往变化多端，追求自由、新颖和趣味性，以突出别具一格的艺术美感。在花材和花器的选择上限制较少，植物的花、根、茎、叶、果等都是轻奢空间花艺题材的选择。另外，花材的概念也从鲜活植物延伸到了干燥花和人造花，并且植物材料的处理方法也越来越丰富。由于花艺作品自由、抽象的外形，与之配合的花器一般造型奇特，有时也会呈现简单的几何感，以强调空间精致及注重装饰品质的特点。并且花器的选材广泛，如金属、瓷器、玻璃、亚克力等材质都较为常见。

慎恩装饰设计

轻奢软装陈设 7

整个空间的设计语言主要以装饰主义的标志性黑白条纹为主，并贯穿于客厅与餐厅空间中。经典的黑白条纹地毯仿佛一幅装饰画，大面积提升空间的装饰感。灰色褶皱工艺丝绒沙发，与深灰色皮质单椅的围合，让家人相处融洽自然。最夺人眼球的要数沙发后面的玄关桌，极富造型感和视觉张力，在内敛与品质之外，融入新颖奇特的元素。

集艾设计

尚舍一屋

臻品设计

尚舍一屋

双宝设计

潘旭强设计

平仄室内设计

千寻软装设计

梁志天设计
纳沃设计
冷元宝设计

纳沃设计

纳沃设计

纳沃设计

朴悦设计

轻奢软装陈设 8

餐厅对于一家人来说是很重要的社交空间。时尚的餐具、精致的烛台、柔软的座椅都让人很享受用餐时光。装饰艺术的用餐环境更是对仪式感格外的强调，特别是以白色大理石桌面为背景点缀宝石绿色餐盘，处处洋溢着当代艺术的气息。空间中的挂画、壁灯、饰品以简洁的形式呈现，极致的简练和轻盈的浪漫并存。

GNU 金秋软装

宏福樘设计

伊派设计

青云居设计
太合南方设计
张首胜设计